Shiferaw Garoma

Avaliação da tensão, deformação e deflexão de pavimentos flexíveis

Shiferaw Garoma

Avaliação da tensão, deformação e deflexão de pavimentos flexíveis

**Utilização do método dos elementos finitos
Estudo de caso da autoestrada de betão
asfáltico de Bako a Nekemte**

ScienciaScripts

Imprint

Any brand names and product names mentioned in this book are subject to trademark, brand or patent protection and are trademarks or registered trademarks of their respective holders. The use of brand names, product names, common names, trade names, product descriptions etc. even without a particular marking in this work is in no way to be construed to mean that such names may be regarded as unrestricted in respect of trademark and brand protection legislation and could thus be used by anyone.

Cover image: www.ingimage.com

This book is a translation from the original published under ISBN 978-3-330-05295-6.

Publisher:
Sciencia Scripts
is a trademark of
Dodo Books Indian Ocean Ltd. and OmniScriptum S.R.L publishing group

120 High Road, East Finchley, London, N2 9ED, United Kingdom
Str. Armeneasca 28/1, office 1, Chisinau MD-2012, Republic of Moldova, Europe
Printed at: see last page
ISBN: 978-620-7-91117-2

Índice:

Resumo

Na Etiópia, o número e o tipo de tráfego aumentam de dia para dia. Esta situação obriga à construção de infra-estruturas rodoviárias que requerem uma conceção económica e segura das estradas. A maioria das auto-estradas existentes na Etiópia são de betão asfáltico. Hoje em dia, a falha da superfície das auto-estradas de betão asfáltico é comum antes do período de conceção previsto. Por exemplo, a autoestrada de betão asfáltico de Bako a Nekemte tornou-se um problema crítico no nosso país.

Os factores mais comuns que causam tensões, deformações e deflexões nas estradas são as cargas e pressões provenientes dos veículos. Esses factores são: o módulo de elasticidade, o coeficiente de Poisson e a espessura de cada camada, a magnitude da carga, a pressão de contacto e a localização são definidos para cada carga considerada. O método dos elementos finitos é uma técnica de análise numérica para obter a tensão, a deformação e a deflexão de cada camada do pavimento.

O objetivo desta tese foi estudar a capacidade de resposta a alterações efectivas dos parâmetros rodoviários na análise das principais causas de falha nas camadas de pavimento asfáltico - fissuração por fadiga e deformação por sulcos - que se devem às tensões críticas de tração na base da camada de asfalto e às tensões críticas de compressão no topo da sub-base, utilizando o método dos elementos finitos, relacionando a especificação normalizada da ERA e os resultados dos ensaios laboratoriais.

Esta tese estudou a avaliação da tensão, da deformação e da deflexão de pavimentos de betão asfáltico utilizando o método dos elementos finitos. O programa de elementos finitos terá em conta todas as características de rigidez dependentes da tensão. Esta tese abordou formas de reduzir as deformações variando a configuração do projeto, como o aumento do módulo do HMA, o módulo da base, o módulo da sub-base, o módulo do subleito e o aumento da espessura de cada camada. Com base no tipo de materiais a utilizar, o valor do módulo de elasticidade e o rácio de veneno são diferentes em cada camada.

Como se observou ao longo da análise do estudo dos resultados dos ensaios laboratoriais e dos resultados da especificação normalizada, a deflexão vertical diminui à medida que o módulo aumenta em todos os valores do módulo de elasticidade. Em geral, à medida que o módulo de elasticidade de cada camada e a espessura das camadas aumentam, a tensão-deformação e a deflexão em cada camada diminuem.

***Palavras-chave**: Método dos elementos finitos, pavimento flexível, camadas, módulo, deformação horizontal e vertical da superfície*

Capítulo 1

1. INTRODUÇÃO

Atualmente, o número e o tipo de tráfego aumentam de tempos a tempos em países desenvolvidos e em desenvolvimento como a Etiópia. Isto obriga a desenvolver a construção de infra-estruturas rodoviárias, o que exige uma conceção económica e segura das estradas. O tipo mais comum de pavimento utilizado na Etiópia é o pavimento de betão asfáltico. Um pavimento flexível é um pavimento com baixa resistência à flexão e que transmite a carga ao solo do subleito através da distribuição lateral da tensão com o aumento da profundidade. Continua a haver uma utilização generalizada de métodos de dimensionamento essencialmente empíricos, que vão desde a ordenação sistemática de projectos estruturais para várias combinações de cargas de tráfego e resistência das camadas da estrada, até gráficos de dimensionamento baseados em regressão, que incorporam factores como as características e propriedades dos materiais e a capacidade de suporte.

As principais causas de rutura dos pavimentos asfálticos são a fissuração por fadiga, causada por uma tensão de tração horizontal excessiva na parte inferior da camada de asfalto devido a cargas repetidas do tráfego, e a deformação por cio, causada pela densificação e pela deformação por cisalhamento do subleito. No projeto de pavimentos asfálticos, é necessário determinar a espessura mínima do pavimento necessária para suportar o tráfego previsto, de modo a que as deformações por fadiga e por deformação do cio estejam dentro do mínimo admissível.

O objetivo deste trabalho foi o de estudar a sensibilidade dos parâmetros da estrada (dimensão, espessura das camadas, módulo de elasticidade, coeficiente de Poisson, cargas e pressões). Controlar as deformações verticais da superfície que provocam as tensões críticas de tração na base da camada de asfalto e as tensões críticas de compressão no topo da sub-base, utilizando o método dos elementos finitos, relacionando a especificação normalizada do estado da estrada com os dados documentados existentes. Estas variáveis podem ser utilizadas para melhorar o desempenho do pavimento.

Na análise de pavimentos flexíveis, as cargas por eixo na superfície do pavimento produzem dois tipos diferentes de deformações, que se considera serem as mais críticas para efeitos de projeto. Estas são as deformações horizontais de tração na parte inferior da camada de asfalto e a deformação vertical de compressão na parte superior da camada de sub-base. Se a tensão de tração horizontal for excessiva, ocorrerá fissuração da camada superficial e o pavimento falhará devido à fadiga. Se a tensão de compressão vertical for excessiva, observam-se deformações permanentes na superfície da estrutura do pavimento (devido à sobrecarga da camada de sub-base) e o pavimento falha devido à formação de sulcos.

1.1. Declaração do problema

As falhas no pavimento das auto-estradas são um dos principais problemas dos pavimentos de betão asfáltico, que implicam custos de manutenção muito elevados todos os anos. As causas das falhas são a fissuração por fadiga e a deformação por sulcos, devido a uma conceção incorrecta ou errada do módulo de elasticidade do pavimento e da espessura das camadas. As causas mais comuns de fissuração por fadiga e deformação por sulcos são devidas a tensões ou deformações. A maioria das auto-estradas pavimentadas no nosso país começa a falhar antes do período de conceção previsto. A autoestrada de Bako a Nekemte foi construída há quatro anos e deteriorou-se antes da entrega.

Na Etiópia, não é comum utilizar software para a conceção de pavimentos flexíveis, em vez de as agências de conceção praticarem o método consultando a cópia impressa do manual de orientações de conceção (AASHTO e ERA) e os cálculos. O método de projeto manual tem o problema de apresentar muitas alternativas para comparação, uma vez que o projeto de pavimentos flexíveis envolve diferentes nomografias, gráficos, tabelas e fórmulas. Por conseguinte, é uma prática complexa e morosa que pode resultar numa conceção insegura ou pouco económica.

O estudo centra-se na avaliação da tensão, da deformação e da deflexão de pavimentos flexíveis utilizando um software. Este estudo tomou como modelo a estrada de Bako a Nekemte, que representa outras estradas em todo o país. O estudo tenta abordar o método de análise de tensão, deformação e deflexão de pavimentos flexíveis, que é causado por fissuração por fadiga ou deformação de sulcos da estrada.

O estudo centra-se na avaliação da tensão, da deformação e da deflexão da espessura do pavimento flexível, do módulo de elasticidade e do rácio de veneno, utilizando o MEF, os manuais da AASHTO e da Ethiopian Roads Authority (ERA).

A utilização do modelo MEF através do Everstress permite que o modelo tenha em conta a rigidez dependente da carga das camadas da estrada e dos materiais granulares e de sub-base, que a maioria dos modelos ainda utiliza como relação constitutiva a teoria elástica linear. A carga proveniente dos veículos tem de ser distribuída corretamente, caso contrário, provoca a deformação da estrada.

1.2. Questões de investigação

a. Quais são os factores (razões) que provocam tensões, deformações e deflexões nos pavimentos flexíveis/pavimentos betuminosos?

b. Como é que a tensão, a deformação e a deflexão dos materiais de pavimentos flexíveis são avaliadas através do software de elementos finitos, utilizando os resultados dos ensaios laboratoriais e as especificações da norma ERA?

c. Onde é que as camadas do pavimento flexível são afectadas pelas deformações verticais da superfície e pelas deformações críticas horizontais de tração?

1.3. Objetivo do estudo

1.3.1. Objetivo geral do estudo

O objetivo geral deste estudo é a avaliação da tensão, da deformação e da deflexão de pavimentos flexíveis utilizando o software do método dos elementos finitos, num estudo de caso da autoestrada de betão asfáltico Bako-Nekemte.

1.3.2. Objectivos específicos do estudo

a. Identificar os factores que provocam tensões, deformações e deflexões nos pavimentos flexíveis/pavimentos betuminosos.

b. Avaliar a tensão, a deformação e a deflexão do pavimento flexível utilizando o software do método dos elementos finitos, com base nos resultados dos ensaios laboratoriais e nas especificações da norma ERA

c. Descrever como e onde as camadas do pavimento flexível são afectadas pelas deformações verticais da superfície e pelas tensões horizontais críticas de tração.

Capítulo 2

2. METODOLOGIA DE INVESTIGAÇÃO

2.1. Descrição do local/área de estudo

A República Federal Democrática da Etiópia, em conformidade com a estratégia de desenvolvimento do sector rodoviário, tencionava modernizar a estrada Gedo-Nekemte no âmbito do seu Programa de Desenvolvimento do Sector Rodoviário II, que inclui a estrada Bako-Nekemte, há quatro (4) anos. O projeto da estrada Gedo-Nekemte tem sido utilizado como rede de estradas para camiões do país, ligando a capital, Adis Abeba, à cidade de Nekemte. Atualmente, a estrada começou a deteriorar-se em vários locais antes do período de conceção previsto.

O estudo é efectuado na estrada Bako-Nekemte, situada nos distritos de Wollega oriental do Estado Regional de Oromia. A zona apresenta condições climatéricas moderadas a frias e liga as cidades de Bako, Ano, Sire, Cheri, Jalele, Chingi, Gaba Jimata, Gute e Nekemte. O comprimento total da estrada é de cerca de 84 km em asfalto. A estrada Bako-Nekemte é utilizada como centro da rede rodoviária da parte ocidental da Etiópia. A norma de conceção da estrada é DS$_3$ com pavimento de betão asfáltico e a sua classificação funcional é estrada para camiões com AADT 10005000 com um período de conceção de 20 anos.

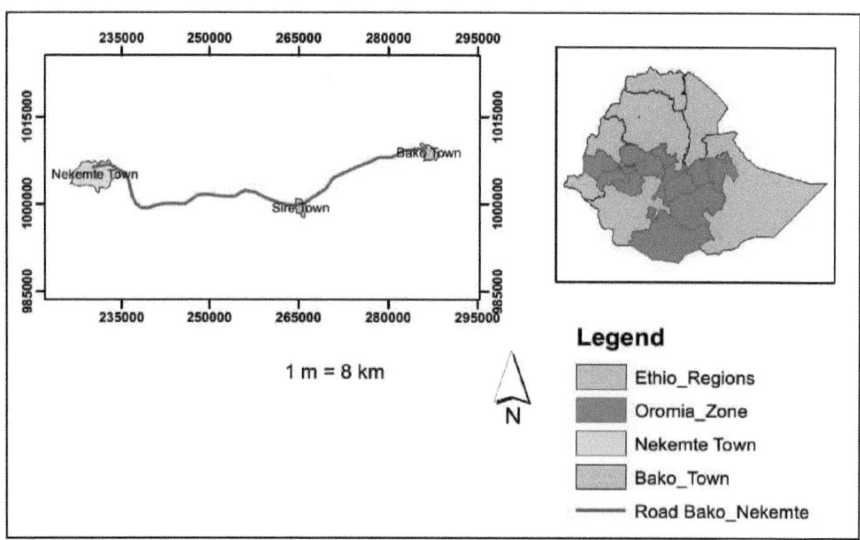

Figura 1 *Área de estudo, estrada Bako-Nekemte*

2.2. Conceção do estudo

Para este estudo, é adoptada uma abordagem de investigação analítica, aplicada, descritiva, quantitativa e qualitativa, direta ou indiretamente. Trata-se de uma abordagem quantitativa e qualitativa porque a conclusão dos resultados depende da manipulação desses dados. É igualmente analítica, aplicada e descritiva porque identifica sistematicamente a análise numérica e aborda a causa prática, o problema e a sua solução. Descreve os dados de entrada, o processo, os resultados e a metodologia. A metodologia deste trabalho tem os seguintes componentes.

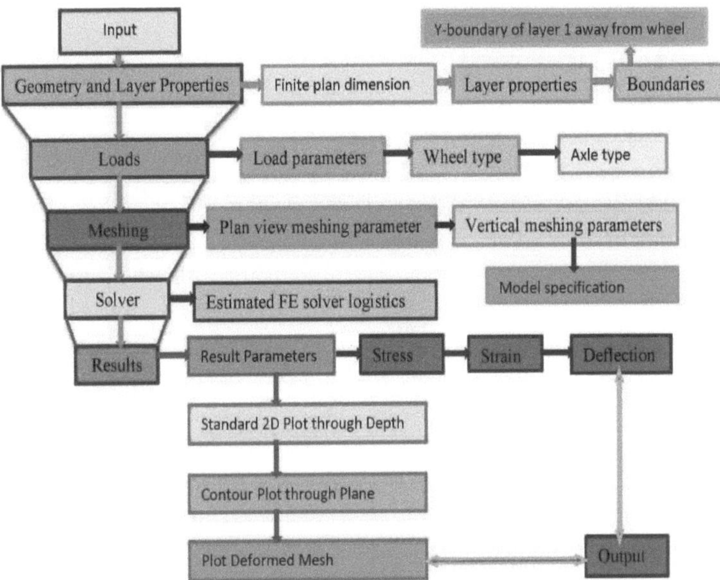

Figura 2: **a estrutura dos métodos de análise de elementos finitos de entrada, processo e saída**

2.3. Componente de camadas na autoestrada de Bako a Nekemte e propriedade de deformação

O betão betuminoso de Bako a Nekemte é constituído pelas seguintes camadas, que têm espessuras diferentes. A espessura de cada camada é a mesma em toda a estrada de Bako a Nekemte, exceto em alguns locais onde há camadas de cobertura onde o rácio de suporte californiano é inferior a quinze. Os componentes são a camada de superfície, a camada de base, a camada de sub-base e a camada de subleito.

As propriedades dos materiais de cada camada são homogéneas e cada camada tem uma espessura finita, exceto a camada inferior. Todas as camadas são infinitas nas direcções laterais e cada camada é isotrópica (tendo a mesma magnitude ou propriedades quando medidas em direcções diferentes). O atrito total é desenvolvido entre as camadas em cada interface e a solução de tensão é caracterizada por duas propriedades materiais para cada camada (E &u)

O procedimento de conceção mecanicista baseia-se no pressuposto de que um pavimento pode ser modelado como uma estrutura elástica ou visco-elástica de várias camadas sobre uma fundação elástica ou visco-elástica. As propriedades da espessura de cada camada, o módulo de elasticidade e o rácio de venenos são muito importantes, pois identificam a resistência da camada para suportar a carga proveniente do veículo.

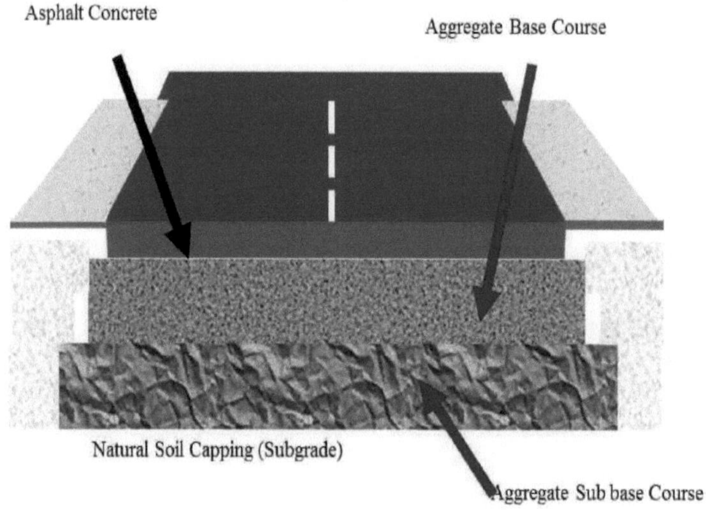

Figura 3 Camadas básicas de vários materiais

2.4. Tipo de solo na área de estudo

De acordo com as observações feitas na superfície natural do solo e nos solos expostos dos taludes cortados, bem como as investigações e os resultados dos ensaios laboratoriais para o estudo da sub-base e dos materiais, o tipo de solo predominante ao longo da estrada de Bako a Nekemte é argila avermelhada a castanha bem drenada, com secções curtas de solo de algodão preto nas travessias dos rios e perto delas. A maioria dos solos ao longo da berma da estrada parece adequada para a utilização nas obras de construção da estrada proposta. De um modo geral, as propriedades do solo de Bako a Nekemte são boas para a construção da estrada, exceto à volta do rio e do ribeiro.

2.5. Características do clima através da área de estudo

O clima na área do projeto pode ser descrito como temperado em geral. A estrada do projeto atravessa uma das áreas de maior pluviosidade do país, com uma precipitação média anual que varia entre 1.200 e 2.000 mm. A precipitação na área do projeto tem características típicas uni-modais com a estação das chuvas a estender-se de maio a outubro.

Durante a estação das chuvas, de maio a outubro, a ITCZ está posicionada a norte da área do projeto e durante a estação seca, a sua posição é a sul. A Tabela 1 abaixo mostra um resumo das temperaturas prevalecentes com uma indicação das condições meteorológicas gerais no corredor do projeto e a figura abaixo mostra a precipitação média anual incluindo a distribuição mensal para um local no corredor do projeto, nomeadamente Nekemte.

Quadro 1 *Condições meteorológicas gerais*

Meses	Precipitação média	Temperatura média	Condições climatéricas gerais
outubro-janeiro	100-300 mm	15-21ºC	Seco, quente e fresco à noite
fevereiro-maio	300-400 mm	16-21ºC	Quente: seco a húmido
junho-setembro	700-1200mm	15-20ºC	Frio, chuvoso, nevoeiro

2.6. Processo de amostragem

A definição da população-alvo foi feita de acordo com os objectivos da análise da tensão-deformação e da deflexão de pavimentos flexíveis utilizando o método dos elementos finitos. A base de amostragem seria constituída pelos resultados dos ensaios laboratoriais.

2.7. Técnica de amostragem do estudo de investigação

As inspecções por amostragem seleccionadas podem ser fornecidas por uma estimativa da análise da tensão-deformação e da deflexão dos pavimentos flexíveis. Utilizando a técnica de amostragem para recolher dados do local (zona de deformação), depende da zona de deformação média, dos resultados laboratoriais, da norma de especificação da AASHTO ou da ERA e do pessoal do laboratório que conhece as propriedades dos materiais da estrada. Estes dados recolhidos são dados de entrada e os resultados serão analisados utilizando o software ever stress.

2.8. Variáveis dependentes

4- Tensão, deformação e deflexão.

2.9. Variável independente

4- Espessura da camada de estrada
5- Dados do módulo elástico
6- Dados do rácio de venenos
7- Carga do veículo/carga das rodas

2.10. Propriedades das camadas de estrada

No caso da estrada de asfalto Bako-Nekemte, o pavimento flexível é constituído pelas quatro camadas seguintes. São elas:

Camada de superfície: - A camada de superfície é a camada superior de um pavimento de asfalto, também designada por camada de desgaste. É construída a partir de asfalto de mistura a quente de gradiente denso, que tem uma superfície de rolamento lisa e resistente à derrapagem.

Obviamente, a camada de desgaste é a camada que está em contacto com as cargas do tráfego e contém normalmente os materiais de maior qualidade. A camada de desgaste desempenha um papel importante nas características de atrito, suavidade, controlo do ruído, resistência ao rasgamento e ao empurrão e drenagem. Além disso, a camada de desgaste serve para evitar a entrada de quantidades excessivas de água superficial na base, sub-base e sub-solo subjacentes. A camada estrutural superior do material é por vezes subdividida em duas camadas

Camada de desgaste: Esta é a camada superior da estrutura do pavimento e está em contacto direto com as cargas do tráfego. Um programa de conservação corretamente concebido deve ser capaz de identificar a degradação da superfície do pavimento enquanto esta ainda está confinada à camada de desgaste. Camada de ligante: O objetivo desta camada é distribuir a carga da camada de desgaste. Esta camada fornece a maior parte da estrutura do HMA.

Camada de base: - É a camada por baixo da camada de superfície composta por pedras britadas bem graduadas (não ligadas), materiais granulares misturados com ligante ou material estabilizado. Fornece uma superfície nivelada para a colocação da camada de superfície. A camada de base é uma camada de material especificado e espessura de projeto, que suporta a camada estrutural e distribui as cargas de tráfego para a sub-base ou sub-solo. Proporciona uma distribuição adicional das cargas e contribui para a drenagem e a resistência ao gelo. Pode ser utilizada uma vasta gama de materiais como bases rodoviárias não ligadas, incluindo pedra britada de pedreira, britada e peneirada, estabilizada mecanicamente, modificada ou cascalho natural "tal como escavado". A sua adequação para utilização depende principalmente do nível de tráfego projetado para o pavimento e do clima.

Camada de sub-base: - É a camada de material abaixo da camada de base construída com materiais locais e mais baratos por razões económicas no topo da camada de cobertura. Facilita a drenagem da água livre que pode ser acumulada sob o pavimento. A camada de sub-base é construída entre a camada de base e a sub-base. A sub-base é geralmente constituída por materiais de qualidade inferior à da camada de base, mas melhor do que os solos da sub-base. A sub-base é constituída por material granular - cascalho, pedra britada, material recuperado ou uma combinação destes materiais.

Permite reduzir as tensões do tráfego para níveis aceitáveis na sub-base, actua como uma plataforma de trabalho para a construção das camadas superiores do pavimento e actua como uma camada de separação entre a sub-base e a camada de base. Em circunstâncias especiais, pode também atuar como um filtro ou como uma camada de drenagem. Um pavimento construído sobre uma sub-base rígida e de alta qualidade pode não necessitar das características adicionais oferecidas por uma camada de sub-base.

Camada de cobertura: - É a camada de material colocada sobre a sub-base construída com o solo, que tem uma capacidade de suporte melhorada. Está presente em locais onde a capacidade de suporte do solo é muito baixa.

Sub-base: A carga dos veículos e o peso do pavimento assentam sobre a base. Trata-se de uma camada de material selecionado, compactado até à densidade desejada, próximo do teor de humidade ideal. O módulo de resiliência (E) é uma medida da rigidez do solo do leito da estrada AASHTO. O módulo de resiliência de um material é, de facto, uma estimativa do seu módulo de elasticidade (E). Enquanto o módulo de elasticidade é a tensão dividida pela deformação para uma carga aplicada lentamente, o módulo de resiliência é a tensão dividida pela deformação para cargas aplicadas rapidamente, como as experimentadas pelos pavimentos.

A divisão dos grupos GM e SM em subdivisões de d e u é efectuada com base nos limites de Atterberg; o sufixo d (por exemplo, GMd) será utilizado quando o limite de liquidez for igual ou inferior a 25 e o índice de plasticidade for igual ou inferior a 5; caso contrário, será utilizado o sufixo u.

Quadro 2 **Características de plasticidade recomendadas para sub-bases granulares (GS)**

Clima	Típico anual	Limite de líquido	Índice de plasticidade	Linear Retração
Tropical húmido e tropical húmido	> 500	< 35	< 6	< 3
Tropical sazonalmente húmido	> 500	< 45	< 12	< 6
Árido e semi-árido	< 500	< 55	< 20	< 10

2.11. Módulo de elasticidade do componente rodoviário.

Embora a correlação entre o módulo de elasticidade (E) e a "resistência" seja muito fraca (normalmente demasiado fraca para ser utilizada em cálculos de projeto), a relação simples entre E e o California Bearing Ratio (CBR, uma medida simples da resistência e não do módulo) é quase universalmente utilizada para estimar o módulo de elasticidade dos materiais componentes das camadas rodoviárias.

$E = a*CBR$

CBR = Rácio de suporte da Califórnia

a = Constante, varia em função das propriedades das camadas do pavimento.

Isto leva a imprecisões significativas. A fadiga em materiais betuminosos tem sido muito investigada em laboratório. O principal problema que se coloca é o facto de as condições laboratoriais serem bastante diferentes das condições de campo.

Tendo em conta todos os problemas associados ao método mecanicista, é talvez surpreendente que o método seja utilizado tão frequentemente com aparente sucesso. Há várias razões para este facto. Em primeiro lugar, os "erros" do próprio método mecanicista são sistemáticos e não aleatórios. Isto significa que as diferenças relativas nos resultados para diferentes pavimentos são muito mais significativas do que os valores absolutos. Se o método for calibrado por comparação com o desempenho medido, então podem ser tiradas conclusões sensatas. Este pressuposto exige que a calibração seja "correcta", o que significa que o desempenho dos pavimentos utilizados para a calibração deve ser bem compreendido (por exemplo, a origem das fissuras deve ser conhecida com certeza).

Em segundo lugar, a maioria dos pavimentos não diferirá muito dos que deveriam ter sido utilizados para calibrar o modelo mecanicista. Por exemplo, as estradas com bases granulares não ligadas e pavimentos estruturais de HMA consistirão normalmente numa sub-base não ligada e numa base rodoviária de materiais que cumprem as especificações padrão e com uma espessura que varia entre cerca de 250 mm e 500 mm. A espessura do revestimento HMA situar-se-á entre, digamos, 50 mm e 100 mm.

A estrada de pavimento flexível de Bako a Nekemte tem quatro camadas componentes: camada de superfície, camadas de base, camada de sub-base e camada de sub-base. É difícil obter diretamente o módulo de elasticidade de cada componente do pavimento flexível. Na maioria das vezes, o módulo de elasticidade das camadas da estrada pode ser determinado a partir do resultado do ensaio do rácio de suporte Califórnia. O valor do CBR pode variar consoante a utilização de diferentes instituições de equações de ensaio laboratorial. As equações mais populares em todo o mundo são $E=250CBR^{1.2}$ (1500CBR) Resultado Psi.

a) Stress

Se uma determinada carga for aplicada a um material, ocorrerá uma tensão de contacto. Esta tensão é igual à carga dividida pela área de contacto do objeto de carga. A tensão fornece essencialmente um método de normalização carga e área para efeitos de ensaio e projeto. Quando uma carga de roda é aplicada a um pavimento, os locais sob a carga sofrem diferentes níveis de tensão com base na sua profundidade a partir da superfície e na distância da carga aplicada. Tensão vertical num ponto do sistema de pavimento devido à carga aplicada. A intensidade das forças distribuídas internamente experimentadas dentro da estrutura do pavimento em vários pontos. A tensão tem unidades de força por unidade de área (pa), o que significa Força por unidade de área.

$$\sigma = \frac{Load}{Area} = \frac{P}{A}$$

Unidades: MPa, psi, ksi

Tipos: rolamento, cisalhamento, axial

b) Tensão

A tensão é frequentemente descrita como a relação entre a deformação de um objeto e a sua dimensão original na mesma direção. A deformação pode ser calculada para qualquer direção desejada (por exemplo, vertical, horizontal, longitudinal, etc.). O deslocamento unitário devido à tensão, normalmente expresso como uma relação entre a alteração da dimensão e a dimensão original (mm/mm) ou a relação entre a deformação causada pela carga e o comprimento original do material.

$$\varepsilon = \frac{Changess\ in\ Length}{Original\ Length} = \frac{\Delta L}{L}$$

Unidades: Sem dimensão

c) Rigidez/materiais elásticos

Um item importante a ser lembrado é que o módulo resiliente é uma medida de rigidez, não de resistência, de um material. A resistência ao cisalhamento final de um material granular é normalmente determinada utilizando um procedimento de cisalhamento triaxial. O módulo de resistência pode ser determinado em muitas combinações de carga aplicada e confinamento. A resistência ou tensão máxima é o ponto onde ocorre a falha sob carga. Um bom exemplo da diferença entre rigidez e resistência pode ser visto no betão. Até uma determinada tensão de "rotura", um betão pode suportar a tensão com uma deformação muito ligeira. No entanto, a uma determinada tensão, o betão "falha" ou "parte" e a resistência final é determinada. O módulo de elasticidade é utilizado para caraterizar os materiais do pavimento sob condições de carga que não resultarão em "falha" do sistema de pavimento. Os pavimentos são concebidos para suportar várias magnitudes de aplicações de carga por eixo de projeto (simples, tandem, tridem e quadem). Variando a espessura e a rigidez das camadas, o sistema de pavimento pode ser projetado para suportar as aplicações de carga por eixo de projeto durante a sua vida útil (Shane Buchanan, 2007).

$$Stiffness = \frac{stress}{strain} = \frac{\sigma}{\varepsilon}$$

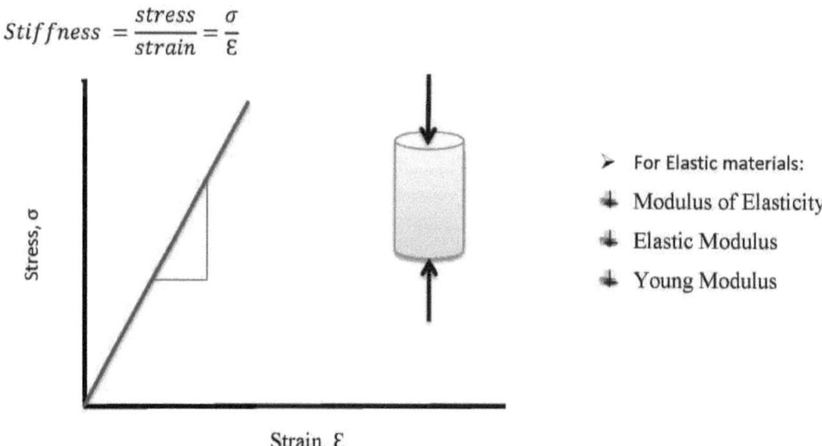

Figura 4 Diagrama de tensão e deformação de materiais elásticos.

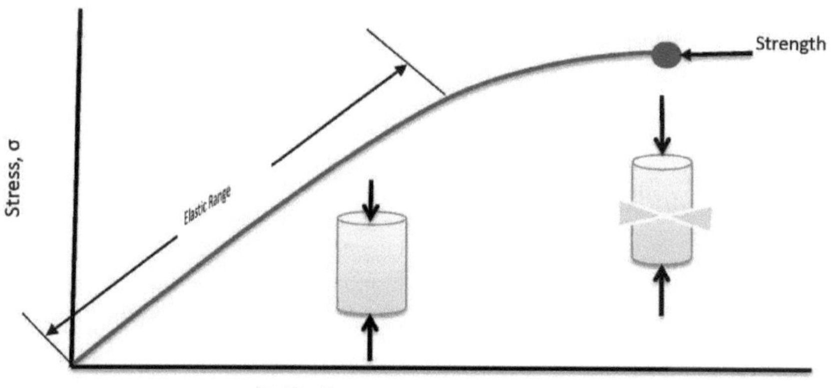

Figura 5 Diagrama de tensão versus deformação em compressão

d) Deflexão (A)

A mudança linear na dimensão. A deflexão é expressa em unidades de comprimento (mm) Da mecânica fundamental da engenharia, a equação para calcular a deflexão do meio do vão:

$$\Delta = \frac{PL^3}{48\,EI}$$

onde, Δ = Deformação medida a meio do vão, mm (pol.), P= Carga aplicada, N (lbf), L= Comprimento da viga, mm (pol.), I= Momento de inércia para uma viga retangular ($I = bh^3/12$), mm^4 (pol.^{4}), E = Módulo elástico da camada, MPa (lbf/in^2).

Substituindo os valores conhecidos de A, P, L, b e h, o módulo de elasticidade das camadas (E) pode ser calculado novamente. Embora semelhante no conceito, o processo é mais complicado para os pavimentos porque a deflexão do pavimento é afetada pelo módulo de elasticidade do subleito, bem como pelos módulos das camadas do pavimento (todos valores desconhecidos).

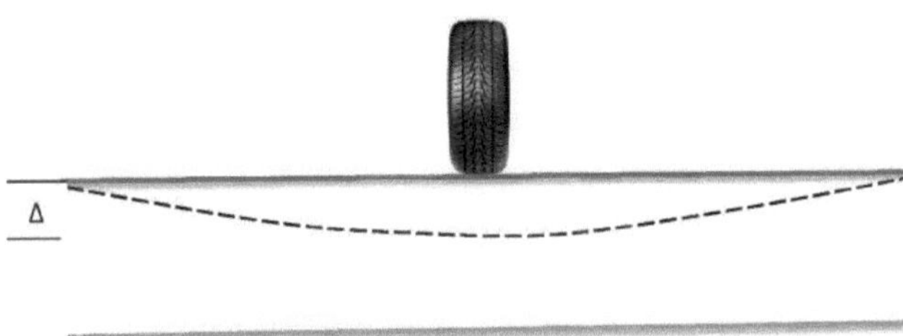

Figura 6 Diagrama das propriedades de deflexão da camada.

Desde meados da década de 1960, os investigadores de pavimentos têm vindo a aperfeiçoar os métodos de projeto baseados na mecânica. Embora a mecânica dos sistemas em camadas esteja bem desenvolvida, ainda há muito trabalho a fazer nas áreas da caraterização do material e dos critérios de falha. A deformação horizontal é utilizada para prever e controlar a fissuração por fadiga na camada superficial. No que diz respeito aos pavimentos de betão asfáltico, os critérios de rotura atualmente utilizados são a tensão de tração horizontal na base da camada de betão asfáltico e a tensão vertical no topo da camada de sub-base. Embora os métodos de ensaio e os critérios de rotura para prever a fissuração por fadiga estejam a amadurecer. Tem havido muito pouco esforço no aperfeiçoamento dos critérios de rotura do subleito.

e) Determinação do módulo elástico da base/sub-base

A determinação do módulo de elasticidade do material de base utilizado no estudo foi efectuada com materiais de rocha britada com um módulo de elasticidade de 300MPa ou 74%CBR, utilizando a seguinte equação. O módulo de elasticidade foi determinado por correlação com o CBR (Ola S.A, 1980), conforme apresentado a seguir

$$E \text{ (psi)} = 250(CBR)^{1.2}$$

f) Determinação do módulo elástico do subleito

O módulo de elasticidade do subleito foi determinado de acordo com o Guia da AASHTO (AASHTO, 1993), de modo a refletir as condições reais do terreno, utilizando a correlação com o CBR, como se mostra a seguir. (O Asphalt Institute of Soil Manual for the Design of Asphalt Structure é utilizado para converter os valores de CBR e R em valores de módulo de elasticidade, classificados segundo o sistema de classificação unificado ou quando o módulo de elasticidade é inferior a 206,80Mpa.

E. (psi/lbin^2) (MPa) = 1500 CBR (10,342CBR)

Onde, E. = Módulo de elasticidade MPa (psi)

CBR = rácio de suporte da Califórnia

Tabela 3 Valores típicos de módulos para materiais de pavimentação comuns.

Material	Gama geral (MPa)	Valor típico (MPa)
Asfalto misturado a quente	1,500 - 4000	3,000
Betão de cimento Portland	20,000 - 55,000	30,000
Base tratada com asfalto	700 - 6,000	1,500
Base tratada com cimento	3,500 - 7,000	5,000
Betão magro	7,000 - 20,000	10,000
Base granular	100 - 350	200
Solo de sub-base granular	50 - 150	100

Solo de sub-base de grão fino	20 - 50	30

1) Altamente dependente da temperatura: Os valores do módulo são baseados nas temperaturas do pavimento em

o intervalo de 20 °C a 30 °C (68 °F a 86 °F).

A tabela seguinte apresenta as propriedades do material, os valores do módulo de elasticidade e do coeficiente de Poisson e o respetivo comentário.

Quadro 4 Características do material para a análise mecanicista.

Material	Parâmetro	Valor	Comentário
Camada de desgaste e camada de binder em betão asfáltico	Módulo de elasticidade (MPa)	3000	Um equilíbrio entre um valor adequado para temperaturas ambiente elevadas e o efeito do envelhecimento e da fragilização
	Volume de betume	10.5%	No caso da estrada Bako-Nekemte, 4,9%
Base rodoviária em betão asfáltico	Módulo de elasticidade	3000	
	Volume de betume	9.5%	No caso da estrada Bako-Nekemte, 4,9%

Base rodoviária granular	Módulo de elasticidade	300	Para todas as qualidades com CBR > 80%
	(MPa)	0.30	
	Rácio de Poisson		
Sub-base granular	Módulo de elasticidade	175	Para CBR >30%
	(MPa)	0.30	
	Rácio de Poisson		
Camada de cobertura	Módulo de elasticidade (MPa) Rácio de Poisson	100 0.30	Para CBR >15%
Subgrades	Módulo de elasticidade em		O rácio de Poisson para todas as sub-grades foi de
S1	MPa	28	assumido como sendo 0,4
S2		37	

S3		53	
S4		73	
S5		112	
S6		175	

2.12. Rácio de venenos

O coeficiente de Poisson é uma medida do efeito de **Poisson**, o fenómeno em que um material tende a expandir-se em direcções perpendiculares à direção de compressão. Inversamente, se o material for esticado em vez de comprimido, tende normalmente a contrair-se nas direcções transversais à direção do estiramento. O coeficiente de Poisson de um material elástico linear, isotrópico e estável será superior a -1,0 ou inferior a 0,5 devido ao requisito de que o módulo de Young, o módulo de cisalhamento e o módulo de massa tenham valores positivos. Para o rácio de Poisson, a prática comum é utilizar o valor típico com base no tipo de material. Os valores típicos para vários materiais são apresentados no quadro seguinte.

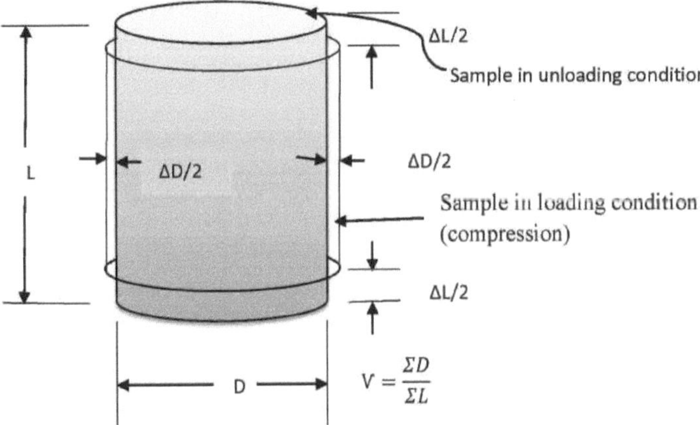

Figura 7 Estruturas do rácio de venenos e modo de cálculo
Tabela 5 Valores típicos do coeficiente de Poisson.

Material	Geral gama	Observações	Valor típico
HMA/Asfalto Base tratada	0.15 - 0.45	Altamente dependente da temperatura; utilizar um valor baixo (0,15) para temperaturas frias (inferiores a 30 °C [86 °F]) e um valor elevado (0,45) para pavimentos quentes 50 °C (122 °F)	0.35
Cimento Portland Betão	0.10 - 0.20	Sem observações	0.15
Estabilizado com cimento Base	0.15 - 0.30	O grau de fissuração na camada estabilizada tende a aumentar para 0,30, a partir de um valor sólido (sem fissuras) de 0,15.	0.20
Base granular/sub-base	0.30 - 0.40	Utilizar um valor mais baixo para material triturado e um valor elevado para gravilhas/areias arredondadas não processadas.	0.35
Solos de sub-base	0.30 - 0.50	Os valores dependem do tipo de solo de sub-base. Para solos menos coesivos, utilizar um valor próximo de 0,30. Para as argilas muito plásticas (solos coesivos), é aconselhável um valor de 0,50.	0.40

Para o coeficiente de Poisson, a prática comum é utilizar um valor típico baseado no tipo de material.

$$V = \frac{\Sigma D}{\Sigma L}$$

Em que $\Sigma D = \frac{\Delta D}{D} =$ é a deformação ao longo do eixo diametral (horizontal). ,

$$\Sigma L = \frac{\Delta L}{L} =$$ é a deformação ao longo do eixo longitudinal (vertical).

1.13. Carga do veículo/carga das rodas

A carga prevista é simplesmente o número previsto de 80 KN ESALs para a experiência do pavimento durante a sua vida útil de projeto. As Cargas Equivalentes de Eixo Único (ESAL) acumuladas de 80KN são a informação da carga de tráfego utilizada para o projeto da espessura do pavimento. A acumulação dos danos causados pelo tráfego misto de camiões durante um período de projeto é referida às Cargas Equivalentes de Eixo Único (ESAL) acumuladas de 80KN. Para esta tese, as Cargas Equivalentes de Eixo Duplo (ESAL) acumuladas de 40KN que as cargas podem ser distribuídas devido ao tandem de 20KN no caso da análise da estrada de Bako-Nekemte utilizando o software do método dos elementos finitos.

a) Propriedades de materiais não ligados em camadas

O quadro seguinte fornece orientações sobre a seleção de materiais não ligados para utilização como camada de base, sub-base, capeamento e camadas de sub-base seleccionadas.

Tabela 6 Propriedades dos materiais não ligados

Código	Descrição	Resumo do caderno de encargos
GB1	Pedra fresca e triturada	Pedra britada densa, não intemperizada, finos de origem não plástica

GB2	Pedra britada, cascalho ou pedregulhos	Classificação densa, < 6, solo ou finos de origem
GB3	Materiais granulares naturais de granulometria grosseira, incluindo cascalhos transformados e modificados	Classificação densa, PI < 6 CBR após imersão > 80
GS	Cascalho natural	CBR após imersão > 30
CG	Cascalho ou solo de cascalho	Densamente graduado; CBR após imersão > 15

Notas: Estas especificações são por vezes modificadas em função das condições do local, do tipo de material e da utilização principal. GB = camada de base granular, GS = sub-base granular, GC = camada de cobertura granular

b) Cargas acumuladas de 80KN equivalentes por eixo único ESAL.

A carga prevista é simplesmente o número previsto de 80 KN ESALs para a experiência do pavimento durante a sua vida útil de projeto. As cargas acumuladas de eixo único equivalentes a 80KN (ESAL) são a informação da carga de tráfego utilizada para o projeto da espessura do pavimento. A acumulação dos danos causados pelo tráfego misto de camiões durante um período de conceção é referida como ESAL (Accumulated 80KN Equivalent Single Axle Loads).

c) Dados de carga de eixos normalizados equivalentes por classe de veículo.

O número de eixos-padrão equivalentes (ESA) de um eixo está relacionado com a carga por eixo do seguinte modo:

$SCE = (L/8160)^n$ (para cargas em kg)

ou $ESA = (L/80)^n$ (para cargas em KN)

Em que: ESA = número de eixos-padrão equivalentes (ESAs)

L = carga por eixo (em kg ou KN)

n = expoente de dano (n = 4,5),

Carga de 1 roda = carga de 2 eixos, 1KN=102Kg

Quadro 7 Factores de equivalência para diferentes cargas por eixo (pavimentos flexíveis)

Carga da roda (10^3 kg)	Carga por eixo (10^3 kg)	Carga por eixo (10^3 KN)	Fator de equivalência (ESA)
1.5	3	0.03	0.01
2.0	4	0.04	0.04
2.5	5	0.05	0.11
3.0	6	0.06	0.25
3.5	7	0.07	0.50
4.0	8	0.08	0.91
4.5	9	0.09	1.55
5.0	10	0.10	2.50
5.5	11	0.11	3.93
6.0	12	0.12	5.67
6.5	13	0.13	8.13
7.0	14	0.14	11.3
7.5	15	0.15	15.5
8.0	16	0.16	20.7
8.5	17	0.17	27.2
9.0	18	0.18	35.2
9.5	19	0.19	44.9
10.0	20	0.20	56.5

d) Visão geral do manual de conceção de pavimentos da Ethiopian Roads Authority (ERA)

Este manual fornece recomendações para o projeto estrutural de estradas de pavimento flexível e de cascalho na Etiópia. O manual destina-se a engenheiros responsáveis pela conceção de novos pavimentos rodoviários e é adequado para estradas que devem transportar até 30 milhões de eixos padrão equivalentes cumulativos numa direção. Este limite superior é atualmente adequado para as estradas com maior tráfego na Etiópia.

O manual ERA, também conhecido como notas rodoviárias ultramarinas, foi desenvolvido pelo Transport Research Laboratory (TRL) para conceber espessuras de pavimentos flexíveis, para além de compreender o comportamento dos materiais de construção rodoviária, também interage na conceção das camadas estruturais do pavimento. Para prestar um serviço satisfatório, um pavimento flexível deve satisfazer uma série de critérios ou considerações estruturais; algumas das considerações importantes são

1. O subleito deve ser capaz de suportar a carga do tráfego sem deformação excessiva; isto é controlado pela tensão de compressão vertical ou deformação a este nível.

2. Os materiais betuminosos e os materiais ligados com cimento utilizados na conceção da base da estrada não devem fissurar sob a influência do tráfego; isto é controlado pela tensão horizontal de tração ou deformação na base da estrada.

3. A base da estrada é frequentemente considerada como a principal camada estrutural do pavimento, necessária para distribuir a carga aplicada pelo tráfego de modo a que os materiais subjacentes não sofram tensões excessivas. Deve ser capaz de suportar a tensão ou deformação gerada dentro de si mesma sem deterioração excessiva ou rápida de qualquer tipo.

4. Nos pavimentos que contêm uma espessura considerável de materiais betuminosos, a deformação interna destes materiais deve ser limitada; a sua deformação é função das suas características de fluência,

5. A capacidade de distribuição de carga das camadas granulares de sub-base e de cobertura deve ser adequada para proporcionar uma plataforma de construção satisfatória.

e) Efeito da carga vertical na superfície da roda

A carga aplicada à roda pode ser utilizada para verificar a tensão de contacto vertical, enquanto não há controlo de equilíbrio sobre as duas tensões de contacto horizontais e verticais medidas. A precisão das tensões de contacto verticais medidas é muito melhor, uma vez que são estabelecidas por equilíbrio direto. Muitos investigadores não utilizaram tensões de contacto horizontais para poderem comparar os resultados com o modelo tradicional.

A medição das tensões de contacto horizontais em pavimentos flexíveis reais é muito difícil, a não ser que seja feita em superfícies rígidas. As tensões de contacto horizontais são muito pequenas em relação às tensões de contacto verticais. As medições experimentais documentaram que, quando uma carga de pneu é aplicada numa superfície de pavimento, são geradas três componentes de tensão de contacto (vertical, transversal e longitudinal) sob cada nervura do pneu. Estas tensões de contacto não se alteram uniformemente em toda a área da marca do pneu à medida que a carga ou a pressão de enchimento do pneu se alteram (De Beer M, Fisher C e Jooste F, 1997)

1.14. Tipos de angústia e causa da angústia

O objetivo deste artigo é desenvolver uma abordagem para conseguir uma avaliação económica, equilibrada e baseada na qualidade dos vários componentes do pavimento flexível. A metodologia baseia-se no conceito de análise de danos que foi efectuado para avaliar o afundamento em diferentes módulos de pavimento e rácio de Poisson, utilizando os programas de elementos finitos. Existem vários modos de falha do pavimento flexível.

A maior parte dos problemas ao longo da estrada Bako-Nekemte é o desvio dos sulcos. A maior causa de desvio de sulcos ao longo da estrada Bako-Nekemte deve-se aos quebra-molas e a uma sobrecarga prevista no caso dos materiais de transporte da fábrica de açúcar Didesa e da grande barragem de Abay.

A fissuração por fadiga é causada por aplicações repetidas de cargas relativamente pesadas, normalmente inferiores à resistência do material de pavimentação. A fissuração por fadiga ascendente começa normalmente na parte inferior das camadas de asfalto de pavimentos flexíveis relativamente finos (menos de 150 mm) ou na parte inferior da camada de asfalto individual, se existirem más condições de ligação.

É necessário utilizar o conceito de análise elástica em camadas. Este conceito baseia-se na teoria elástica e pode ser utilizado para investigar a deformação por tração horizontal excessiva na base da camada de asfalto (fissuração por fadiga) e a deformação por compressão vertical excessiva no topo da sub-base (deformação por afundamento) em pavimentos asfálticos, a fim de projetar contra a fadiga e o afundamento (Yang, 1973). O número de repetições sugerido pelo Asphalt Institute na forma seguinte representa a relação entre a rotura por fadiga do betão asfáltico e a deformação por tração na base da camada de betão asfáltico

$$N_f = 0.0796 \left(\frac{1}{\varepsilon t}\right)^{3.291} \left(\frac{1}{E}\right)^{0.854}$$

Onde Nf = número de repetições de carga para evitar

fissuração por fadiga. ɛt tensão de tração na parte inferior da camada de asfalto. E1 = módulo de elasticidade da camada de asfalto

a) Critérios de cio

A cio é a deformação permanente que ocorre na estrutura do pavimento, incluindo o cio nas camadas de asfalto (cio primário), o cio nas camadas de base não ligadas e o cio na sub-base (secundário). O sulco primário nas camadas de asfalto inclui dois tipos de deformação: redução de volume causada pela densificação do tráfego e movimento permanente a um volume constante ou variação causada pelo fluxo de cisalhamento.

A acumulação de deformação permanente na camada de asfalto é muito sensível à resistência da camada à distorção da forma (i.e., cisalhamento) e relativamente insensível à alteração do volume. O seu estudo indica que a formação de sulcos nas camadas de asfalto é causada principalmente pelo fluxo de cisalhamento e não pela densificação volumétrica, especialmente sob carga de veículos lentos a alta temperatura.

O afundamento das camadas de asfalto deve-se a tensões de cisalhamento e deformações de cisalhamento na camada de asfalto, em vez de deformações de compressão.

O número de aplicações de carga, tal como sugerido pelo Asphalt Institute, na forma seguinte, representa a relação entre a rotura por cio e a deformação por compressão no topo do subleito :$Nr = 1.365 \times 10^{-9} \left(\dfrac{1}{\varepsilon_c} \right)^{4.477}$,Onde Nr = número de repetições de carga para limitar o cio. $= \varepsilon_c$ tensão de compressão vertical no topo do subleito.

b) Cio em pavimentos flexíveis

O sulco é uma depressão longitudinal da superfície na trajetória da roda, acompanhada, na maioria dos casos, por um levantamento do pavimento ou da camada subjacente ao longo dos lados do sulco. Um sulco significativo pode levar a uma falha estrutural grave e à hidroplanagem, o que constitui um risco para a segurança. O sulco pode ocorrer em todas as camadas da estrutura do pavimento e resulta da distorção e densificação lateral. Além disso, os sulcos representam uma acumulação contínua de pequenas deformações permanentes de cada aplicação de carga.

Eisemann e Hilmar estudaram o fenómeno de deformação do pavimento asfáltico utilizando um dispositivo de seguimento de rodas e medindo a profundidade média do sulco, bem como o volume de materiais deslocados por baixo dos pneus e nas zonas de levantamento adjacentes aos mesmos. Concluíram que: 1. nas fases iniciais do tráfego, o aumento da deformação irreversível abaixo dos pneus é nitidamente maior do que o aumento nas zonas de afloramento. Portanto, na fase inicial, a compactação ou densificação do tráfego é o principal mecanismo de desenvolvimento de sulcos.

2. Após a fase inicial, o decréscimo de volume abaixo dos pneus é aproximadamente igual ao aumento de volume nas zonas adjacentes de levantamento. Isto indica que a maior parte da compactação sob o tráfego está concluída e que a continuação da formação de sulcos é causada essencialmente por deformação por cisalhamento, ou seja, distorção sem alteração de volume. Assim, a deformação por cisalhamento é considerada o principal mecanismo de cio durante a maior parte da vida útil do pavimento.

i) Causas de cio em pavimentos flexíveis

De um modo geral, as causas do afundamento dos pavimentos de asfalto são a acumulação de deformações permanentes na camada de revestimento de asfalto e a deformação permanente do subleito. No passado, a deformação do subleito era considerada a principal causa de cio e muitos métodos de conceção de pavimentos

aplicaram critérios de limitação da deformação vertical ao nível da sub-base. No entanto, estudos recentes indicam que a maioria dos afundamentos ocorre na parte superior da camada de revestimento de asfalto. Estas causas de cio podem atuar em combinação, ou seja, o cio pode ser a soma da deformação permanente em todas as camadas.

ii) Sulcos causados por uma mistura asfáltica fraca

O sulco resultante da acumulação de deformação permanente na camada de asfalto é atualmente considerado o principal componente do sulco do pavimento flexível. Isto deve-se ao aumento das pressões dos pneus dos camiões e das cargas por eixo, o que coloca as misturas asfálticas mais próximas da superfície do pavimento sob tensões cada vez mais elevadas. Brown e Cross relataram um extenso estudo nacional sobre o afundamento em pavimentos de asfalto misturado a quente nos Estados Unidos.

O estudo foi iniciado em 1987 para avaliar pavimentos de todas as áreas dos Estados Unidos, abrangendo várias regiões climáticas, contendo agregados de diferentes origens e angularidades, abrangendo diferentes agências de especificação e práticas de construção e uma grande dimensão de amostra para tornar os resultados do estudo de âmbito nacional. O estudo envolveu a recolha de amostras de pavimento para caraterização do material, medição da profundidade do sulco e da espessura das camadas e investigação para determinar a localização do sulco.

1.15. Recolha de dados

O processo de recolha de dados foi efectuado utilizando técnicas de recolha de dados primários e secundários para obter as informações necessárias.

1.16. Recolha de dados primários

Os dados foram recolhidos no terreno através de observação e foram colhidas amostras da zona de aflição para ensaios laboratoriais dos valores de CBR e do módulo de elasticidade.

1.17. Recolha de dados secundários

Os dados existentes que descrevem o sistema foram recolhidos em diferentes documentos de arquivo/literatura (revistas, relatórios, investigações, manuais e estudos de casos), dados da ERA como a espessura das camadas da estrada, a carga do veículo, a pressão das rodas, etc.

1.18. Processamento e análise de dados

Após a recolha de dados bem sucedida, os dados foram recolhidos de acordo com o contexto da investigação e analisados utilizando o software de pavimento, o Microsoft Excel e outras ferramentas rodoviárias. A partir do resultado, analisámos todos os factores que afectam a estrada de pavimento flexível e, em seguida, avaliámos os factores de acordo com a magnitude do seu efeito e de acordo com a sua urgência.

Os dados recolhidos na área de estudo (levantamento do estado da estrada, zona de emergência), os resultados laboratoriais e as especificações normalizadas da AASHTO e da ERA foram analisados e interpretados em quadros, gráficos, figuras e formatos tabulares utilizando o Excel e outras ferramentas rodoviárias para avaliar os principais factores que afectam o problema rodoviário do pavimento flexível, que necessita de soluções científicas e de engenharia.

O Everstress ou Everseries é um programa gratuito que foi desenvolvido pelo Departamento de Transportes do Estado de Washington para efeitos de projeto de pavimentos. O programa pode analisar um pavimento com até cinco camadas (este estudo utiliza quatro) e o seu objetivo principal é estimar a tensão, a deformação e a deflexão num sistema de pavimento em camadas devido a uma carga ou cargas estáticas.

Antes de falar sobre o que precisa de ser introduzido no programa, deve ser discutida a estrutura básica de um pavimento. Normalmente, é composto por quatro camadas. Uma camada de asfalto misturado a quente, uma camada de base, uma camada de sub-base e, por fim, o solo que é designado por camada de sub-base. Para simplificar a introdução do esforço permanente, será considerado um pavimento de quatro camadas com o módulo de elasticidade de cada uma delas. A espessura das camadas pode variar, mas um projeto de pavimento típico, e o que foi utilizado para análise na estrada de Bako-Nekemte, tem uma camada de HMA com 50 mm de espessura, uma base com 200 mm, uma sub-base com 250 mm de espessura e a espessura do subleito é considerada infinita.

Capítulo 3

3. RESULTADOS E DISCUSSÃO

3.1. Introdução à análise

A análise da tensão, da deformação e da deflexão de pavimentos flexíveis utilizando o método dos elementos finitos através de diferentes programas informáticos. A avaliação da espessura das camadas de cada pavimento flexível, o módulo de elasticidade, o rácio de veneno, a carga do tráfego e a pressão dos pneus são parâmetros de entrada. A análise foi efectuada utilizando a linguagem de programação Everstress FE. O programa pode analisar uma estrutura de pavimento com um máximo de 5 camadas, 20 cargas e 50 pontos de avaliação. O programa Everstress também tem em conta quaisquer características de rigidez dependentes da tensão.

As tabelas seguintes mostram os resultados dos ensaios laboratoriais de CBR retirados do documento existente que foi efectuado durante a construção da estrada de Bako a Nekemte. Na mesma estação, foram efectuados os resultados dos ensaios laboratoriais actuais dos valores do CBR e foram obtidos os valores médios de cada tabela. Foram recolhidas amostras no local da área deteriorada e das áreas não deterioradas e comparou-se o valor CBR do documento existente com os valores CBR actuais.

3.2. Resultado do ensaio laboratorial da estrada Bako-Nekemte para a camada de base.

Os quadros seguintes apresentam os valores do coeficiente de sustentação californiano da camada de base, que foram recolhidos em três locais diferentes e os valores médios de cada quadro. A amostra foi recolhida no intervalo dos resultados laboratoriais do documentário existente, para poder ser comparada com os resultados dos ensaios actuais.

Quadro 8 Valores CBR dos materiais da camada de base a partir dos resultados dos ensaios laboratoriais.

Teste do rácio de suporte da Califórnia

Método de ensaio : AASHTO T-193

Sopros	Carga (KN)		CBR (%)		CBR médio	E.(Mpa)
	2,54 mm	5,08 mm	2,54 mm	5,08 mm		
10	3.68	7.19	27.6	36.1	31.81	109.5306
30	6.21	13.64	46.5	68.4	57.49	222.8633
65	18.51	38.98	138.7	194.9	166.8	800.033

					85.36	358.1206

Sopros	Carga (KN)		CBR (%)		CBR médio	E.(Mpa)
	2,54 mm	5,08 mm	2,54 mm	5,08 mm		
10	6.02	10.03	45.1	50.1	47.6	177.6911
30	12.3	21.2	91.9	105.4	98.65	426.0433
65	20.1	30.1	150.3	149.8	150.1	704.7263
					98.77	426.648

Sopros	Carga (KN)		CBR (%)		CBR médio	E.(Mpa)
	2,54 mm	5,08 mm	2,54 mm	5,08 mm		
10	8.34	13.60	62.5	68.0	65.22	259.2712
30	12.44	21.29	93.2	106.5	99.83	432.166
65	16.29	26.68	122.0	133.4	127.7	580.774
					97.59	420.53

3.3. Resultado do ensaio laboratorial da estrada Bako-Nekemte para a camada de sub-base.

Os quadros seguintes apresentam os valores do rácio de suporte californiano da camada de sub-base, recolhidos em três locais diferentes. A amostra foi recolhida no intervalo dos resultados laboratoriais do documentário existente, para poder ser comparada com os resultados dos ensaios actuais.

Quadro 9 Valores CBR dos materiais da camada de sub-base com base nos resultados dos ensaios laboratoriais.

TESTE DO RÁCIO DE SUPORTE DA CALIFÓRNIA

MÉTODO DE ENSAIO: AASHTO T-193

Sopros	Carga (KN)		CBR (%)		CBR médio	E.(MPa)
	2,54 mm	5,08 mm	2,54 mm	5,08 mm		
10	1.44	2.44	10.8	12.2	21.494	32.29363
30	3.29	6.21	24.6	31.2	27.901	112.6007
65	3.41	4.87	25.5	24.4	28.953	132.86255
					29.449	155.27093

Sopros	Carga (KN)		CBR (%)		CBR médio	E.(Mpa
	2,54m m	5,08 mm	2,54 mm	5,08 mm		
10	2.7	3.6	19.9	18.1	19	59.02576
30	3.1	4.2	23.6	21.1	25.35	71.72496

65	6.4	7.6	48.2	37.8	45	157.2894
					40.117	145.46999

Sopros	Carga KN		CBR %		CBR médio	E.(Mpa)
	2,54 m m	5,08 mm	2,54 mm	5,08 mm		
10	2.57	3.73	19.2	18.7	18.945	58.82078
30	7.58	12.48	56.8	62.4	59.625	232.8366
65	9.45	16.33	70.83	81.66	76.245	312.7454
					51.605	195.7796

3.4. Resultado do ensaio laboratorial da estrada Bako-Nekemte para a camada de sub-base.

Os quadros seguintes mostram os valores do rácio de suporte californiano da camada de base que foi recolhida em três locais diferentes. A amostra foi recolhida no intervalo dos resultados laboratoriais do documentário existente, para poder ser comparada com os resultados dos ensaios actuais.

Quadro 10 Valores CBR dos materiais da camada de subleito a partir dos resultados dos ensaios laboratoriais.

TESTE DO RÁCIO DE SUPORTE DA CALIFÓRNIA
MÉTODO DE ENSAIO: AASHTO T-193
Curso de sub-base

Sopros	Carga (KN)	CBR (%)	CBR médio	E.(Mpa)

Sopros	Carga (KN)		CBR(%)		CBR médio	E.(Mpa)
	2,54 mm	5,08 mm	2,54 mm	5,08 mm		
10	0.66	0.96	4.94	4.82	4.88	50.46896
30	1.33	1.72	10	8.6	9.3	96.1806
65	1.85	2.44	13.86	12.22	13.04	134.8597
					9.073333	93.83641
Sopros	Carga (KN)		CBR(%)		CBR médio	E.(Mpa)
	2,54 mm	5,08 mm	2,54 mm	5,08 mm		
10	0.62	0.88	5.67	5.4	5.535	46.90097
30	0.93	1.25	7.1	6.3	6.7	69.2914
65	1.58	2.14	11.8	10.68	11.24	116.2441
					7.825	80.92882
Sopros	Carga (KN)		CBR(%)		CBR médio	E.(Mpa)
	2,54 mm	5,08 mm	2,54 mm	5,08 mm		
10	0.68	0.94	5.4	5.6	5.5	56.9535

30	1.1	1.45	6.5	6.7		6.6	68.9494
65	1.58	2.5	6.8	8.68		7.74	80.04708
						6.6133	68.395333

3.5. Resultado do ensaio laboratorial do documento existente na estrada para a camada de base.

Os quadros seguintes apresentam os valores do rácio de suporte californiano da camada de base, recolhidos em três locais diferentes. A amostra foi retirada de resultados de ensaios laboratoriais de documentários existentes e foi feita a média de cada tabela.

Quadro 11 Valores de CBR dos materiais da camada de base de um documento existente.

Ensaio do rácio de suporte da Califórnia, método de ensaio: AASHTO T-193
Estação de amostragem 72+200
Representando a secção 72+000-73+500
OBJECTIVO: Curso de base

Sopros	Carga	KN	CBR (%)		Avg. RBC	E. Mpa
	2,54 mm	5,08 mm	2,54 mm	5,08 mm		
10	3.678	7.186	27.553	36.057	31.81	109.530
30	6.212	13.642	46.530	68.448	57.49	222.863
65	18.514	38.976	128.679	174.88	151.8	714.483
Avg.	9.468	19.935	67.587	93.128	80.36	333.097

Estação de amostragem 82+100
Representando a secção 80+000-83+400
Finalidade: Base

Sopros	Carga	KN	CBR (%)	CBR médio	E. Mpa

10	8.34	13.6	52.45	57.98	55.22	212.327
30	12.44	21.29	90.2	93.46	91.83	390.947
65	16.29	26.68	100.02	103.4	101.7	441.950
Avg.	12.357	20.523	80.89	84.946	82.92	345.874

Estação de amostragem 102+580
Representação da secção 102+000-103+400
Finalidade: Base

Sopros	Carga (KN)		CBR(%)		Avg. RBC	E. (Mpa
	2,54 mm	5,08 mm	2,54 mm	5,08 mm		
10	6.0151	10.025	45.0904	50.1255	47.61	177.7267
30	12.253	21.164	91.8508	98.3989	95.12	407.8403
65	20.05	30.075	120.301	109.777	115	512.3339
Avg.			85.7475	86.1006	85.92	360.9733

3.6. **Resultado do ensaio laboratorial do documento existente para a camada de sub-base de estradas.**

Os quadros seguintes apresentam os valores do rácio de suporte californiano da camada de sub-base, recolhidos em três locais diferentes. A amostra foi recolhida em laboratório, com base nos resultados documentais existentes, e foi calculada a média de cada tabela.

Tabela 12 Valores de CBR dos materiais da camada de sub-base de um documento existente.

Ensaio do rácio de suporte da Califórnia, método de ensaio: AASHTO T-193
Estação de amostragem 72+200
Representando a secção 72+000-73+500
Objetivo: Curso de sub-base

Sopros	Carga (KN)		CBR(%)		CBR médio	E. (Mpa)
	2,54 mm	5,08 mm	2,54 mm	5,08 mm		
10	1.43724	2.436	24.76584	26.22278	25.494	83.998
30	3.2886	6.2118	31.63371	35.16809	33.401	116.157
65	3.4104	4.872	30.54607	29.36	29.953	101.922
Avg.	2.71208	4.5066	28.98187	30.25029	29.616	150.547

Sopros	Carga (KN)		CBR(%)		Avg. RBC	E. (Mpa)
10	2.65392	3.6024	22.87955	21.07526	21.977	70.2925
30	3.1464	4.1952	26.56854	24.04967	25.309	83.2663
65	6.4296	7.55136	49.1618	42.7568	45.959	170.367
Avg.			32.86996	29.29391	31.082	143.548

Sopros	Carga	KN	CBR(%)		CBR médio	E. (Mpa)

10	2.57	3.73	19.24	18.65	18.945	58.8208
30	7.58	12.48	56.84	62.41	59.625	232.837
65	9.45	16.33	70.83	81.66	76.245	312.745
Avg.	6.533333	10.84667	48.97	54.24	51.605	195.78

3.7. Resultado do ensaio laboratorial do documento existente na estrada para a camada de subleito.

Os quadros seguintes apresentam os valores do rácio de suporte californiano da camada de sub-base, recolhidos em três locais diferentes. A amostra foi recolhida no laboratório de resultados documentais existente e foi feita a média de cada tabela.

Quadro 13 Valores CBR de materiais de camadas de subleito de documentos existentes.

Ensaio do rácio de suporte da Califórnia, método de ensaio: AASTO T-193
Estação de amostragem 72+200
Representando a secção 72+000-73+500
Objetivo: Curso de sub-base

Sopros	Carga (KN)		CBR (%)		CBR médio	E.(Mpa)
	2,54 mm	5,08 mm	2,54 mm	5,08 mm		
10	0.58464	0.80388	4.379326	4.033517	4.20642	43.50281
30	2.9232	3.92196	15.89663	13.67868	14.7877	152.9339
65	4.6284	5.8464	14.66966	11.232	12.9508	133.9375
Avg.	2.71208	3.52408	11.64854	9.648064	10.6483	110.1247

Objetivo: Curso de sub-base

Sopros	Carga(KN)		CBR (%)		CBR médio	E.(Mpa)
10	0.623	0.87665	4.666667	4.398645	4.53266	46.87673
30	0.9345	1.2549	7	6.296538	6.64827	68.7564
65	1.5753	2.136	11.8	10.68	11.24	116.2441
Avg.	1.0442667	1.422517	7.822222	7.125061	7.47364	81.2924

Sopros	Carga (KN)		CBR (%)		CBR médio	E.(Mpa)
	2,54 mm	5,08 mm	2,54 mm	5,08 mm		
10	0.65928	0.9648	4.942129	4.824	4.88306	50.50065
30	1.33464	1.72056	10.0048	8.6028	9.3038	96.21989
65	1.8492	2.44416	13.86207	12.2208	13.0414	134.8745
Média			9.602999	8.5492	9.0761	93.86502

3.8. Os parâmetros que causam tensões, deformações e deflexões

O programa pode ser utilizado para calcular a tensão, a deformação e a deflexão num sistema de pavimento em camadas sujeito a vários parâmetros de combinações de carga roda/eixo. O módulo de elasticidade, o coeficiente de Poisson e a espessura devem ser definidos para cada camada. Além disso, a magnitude da carga, a pressão de contacto (ou raio de carga) e a localização devem ser definidas para cada carga (roda) considerada. Os métodos de projeto AASHTO, 1993 e Ethiopian

Road Authority, 2013 (ERA) são incorporados no desenvolvimento da análise. Esta secção descreve a forma de introduzir as variáveis necessárias e as análises para todos os métodos de dimensionamento da espessura dos pavimentos.

Uma secção típica de pavimento flexível pode ser idealizada como um sistema de várias camadas constituído por camadas de asfalto assentes em camadas de solo com diferentes propriedades materiais. Os métodos de conceção de pavimentos flexíveis podem ser classificados em várias categorias: Método empírico com ou sem ensaio de solo, limitando a falha por cisalhamento, e o método empírico mecanicista. No entanto, a conceção mecanicista está a tornar-se mais predominante, o que requer a avaliação exacta das tensões e deformações nos pavimentos devido às cargas das rodas e dos eixos.

3.9.   O efeito da carga vertical em camadas de pavimento flexível

A principal causa das deflexões verticais da superfície e das deformações horizontais de tração em camadas de pavimentos flexíveis são as cargas verticais. Os efeitos prejudiciais da carga por eixo e da pressão dos pneus em várias secções do pavimento são investigados através do cálculo da deformação de tração (E_t) na base da camada de asfalto e da deformação de compressão (Ec) no topo da sub-base. Em seguida, é efectuada uma análise de danos utilizando as duas deformações críticas para calcular a vida útil do pavimento em termos de fissuração por fadiga e deformação permanente (sulcos). As análises de sensibilidade demonstram o efeito de vários parâmetros no pavimento flexível.

Na análise de pavimentos flexíveis, as cargas por eixo na superfície do pavimento produzem dois tipos diferentes de deformações, que se considera serem as mais críticas para efeitos de projeto. Estas são as deformações de tração horizontais; E_t na parte inferior da camada de asfalto, e a deformação de compressão vertical; sc na parte superior da camada de sub-base. Se a deformação horizontal de tração E_t for excessiva, ocorrerão fissuras na camada superficial e o pavimento falhará devido à fadiga. Se a deformação de compressão vertical Ec for excessiva, observam-se deformações permanentes na superfície da estrutura do pavimento devido à sobrecarga da camada de sub-base e o pavimento falha devido à formação de sulcos. O programa da teoria elástica multicamada é utilizado para materiais elásticos lineares na determinação de tensões, deformações e deflexões.

A tensão horizontal de tração no topo da camada de asfalto, utilizada para determinar a fissuração por fadiga na camada de asfalto, e a tensão vertical de compressão/deformação a meio da profundidade da camada de asfalto, utilizada para determinar o afundamento da camada de asfalto. A tensão horizontal de tração a uma profundidade de 50 mm da superfície da camada de asfalto e na base de cada camada ligada ou estabilizada, utilizada para determinar a fissuração por fadiga nas camadas ligadas. A cio nas camadas de base/sub-base estabilizadas quimicamente, na rocha e nos materiais de laje fracturados com betão é assumida como zero.

Tensão/esforço vertical compressivo no topo da sub-base e 250 mm abaixo do topo da sub-base, utilizado para determinar o sulco da sub-base.

3.10. Análise e discussão dos resultados
Resultado da especificação standard da ERA

Uma secção transversal típica consiste na espessura da camada de asfalto (t1 = 50mm) com módulo de elasticidade (E_1=3000MPa) na camada da camada superficial, e na espessura da camada de base (t2 = 200mm) com módulo de elasticidade (E_2=300MPa) entre a camada da camada superficial e a camada da sub-base, assente na espessura da camada da sub-base (t_3=250mm) com módulo de elasticidade (E_3=175MPa) entre a camada da camada da base e a camada da sub-base. Além disso, a espessura da camada de sub-base (t_4 =œmm) com módulo de elasticidade (E_4=73MPa) na base da camada de sub-base é considerada uma secção com componentes de referência. As diferentes secções transversais de probabilidade que podem ser utilizadas nas estradas de Bako-Nekemte são consideradas para análise através da variação dos componentes de referência.

Resultado dos ensaios laboratoriais:-Uma secção transversal típica consiste na espessura da camada de asfalto (t1 = 50mm) com módulo de elasticidade (E_1=3000MPa) na camada da camada de superfície, e na espessura da camada de base (t2 = 200mm) com módulo de elasticidade (E_2=401.6MPa) entre a camada da camada de superfície e a camada da sub-base, assente na espessura da camada da sub-base (t_3=250mm) com módulo de elasticidade (E_3=183.6MPa) entre a camada da camada da base e a camada da sub-base. Além disso, a espessura da camada de sub-base (t_4 =œmm) com módulo de elasticidade (E_4=81,05MPa) na parte inferior da camada de sub-base é considerada uma secção com componentes de referência

Dependendo da especificação da norma de projeto de diferentes países, da instituição de asfalto e de diferentes instituições de ensaio laboratorial (AASHTO, ASTM, BS, ERA e dos valores CBR utilizando equações). O valor do módulo de elasticidade e o rácio de veneno são diferentes em cada camada, E1 varia de 1500 a 3500 MPa, E2 varia de 200 a 1000 MPa, E3 varia de 100 a 250 MPa e E4 varia de 20 MPa a 150 MPa.

Os materiais em cada camada são caracterizados por um módulo de elasticidade (E) e um coeficiente de Poisson (u). O coeficiente de Poisson; u é considerado como 0,35, 0,30, 0,30 e 0,30 para a camada de asfalto, a camada de base, a camada de sub-base e a camada de subleito, respetivamente. O tráfego é expresso em termos de repetições de carga de eixo único de 80KN aplicada ao pavimento em dois conjuntos de pneus duplos. A pressão de contacto investigada é de 690KPa. O pneu duplo é aproximado por duas placas circulares com raio de 100 mm e espaçadas a 350 mm de centro a centro.

A tabela seguinte mostra as características dos componentes da estrada, como o módulo de elasticidade, o rácio de veneno e os seus valores típicos, retirados da ERA 2013.

Tabela 14 Propriedades dos materiais do pavimento (fonte: ERA 2013)

Material	Módulo de elasticidade (MPa)	Rácio de Poisson
Superfície de asfalto	3000	0.35
Camada de base	300	0.30
Camada de sub-base	175	0.30
Camada de subleito	73	0.35

O quadro seguinte mostra as propriedades dos materiais do pavimento rodoviário Bako-Nekemte a partir dos resultados dos ensaios laboratoriais e dos resultados da especificação normalizada da ERA. O resultado é calculado utilizando a equação do módulo de elasticidade (E=250CBR$^{1.}$2ou1500CBR) e o rácio de venenos *(V=£D/SL)*.

Tabela 15 Propriedades e espessura dos materiais do pavimento

Propriedades das estradas	Espessura das camadas	Resultado do teste laboratorial			Resultado do caderno de encargos normalizado		
		RBC	E. MPa	V	CBR %	Sr. MPa	V
Asfalto	50	-	3000	0.30	-	3000	0.35
Curso de base	200	93.91	401.6	0.30	>80	300	0.30
Camada de sub-base	250	48.91	183.6	0.30	>30	175	0.30
Camada de subleito		7.84	81.05	0.35	>15	73	0.40

O quadro seguinte mostra as propriedades das camadas da estrada e a gama geral do módulo de elasticidade, o rácio de veneno de diferentes materiais com base no tipo de materiais no caso da estrada Bako-Nekemte. A gama foi decidida após a análise efectuada através de software para cada camada da estrada, dependendo dos tipos de materiais utilizados e dos tipos de solo.

Tabela 16 Intervalo de módulos resultantes do material do pavimento utilizado na análise

Material	Módulo de elasticidade (MPa)	Rácio de Poisson
Superfície de asfalto	1500-3500	0.35
Camada de base	200-1000	0.30
Camada de sub-base	100-250	0.30
Camada de subleito	20-150	0.30

3.11. Iniciar elementos finitos de tensão constante

A interface gráfica principal do utilizador é o primeiro ecrã que o utilizador vê quando abre o EverstressFE. Dá acesso ao ficheiro, às entradas (espessura das camadas, módulo de elasticidade, relação de veneno, carga do eixo, pressão dos pneus, espaçamento dos pneus, espaçamento dos eixos) e às barras de menu de saída e de ajuda. Entretanto, quando a interface gráfica principal do utilizador começa a ser apresentada, a primeira caixa de diálogo de Sugestões fornece uma introdução, orientação e melhora a compreensão dos utilizadores sobre o software. Depois de ler os conselhos, clique em > **ficheiro** para abrir a caixa de diálogo. Depois de sair das sugestões, a caixa de diálogo volta ao ecrã principal. Para iniciar um novo projeto, seleccione **entradas**, o que dá acesso a uma lista pendente de diferentes submenus de entrada > clique em **propriedades de geometria e camadas > contém a dimensão do plano finito > dados da camada > limites** > comece a introduzir a espessura. A configuração da espessura das camadas do pavimento flexível tem um papel fundamental na fissuração por fadiga e na deflexão do sulco, dependendo da carga por eixo e das pressões das rodas. Antes de iniciar a análise dos parâmetros de entrada, ajustar primeiro todos os materiais introduzidos de acordo com a sua categoria.

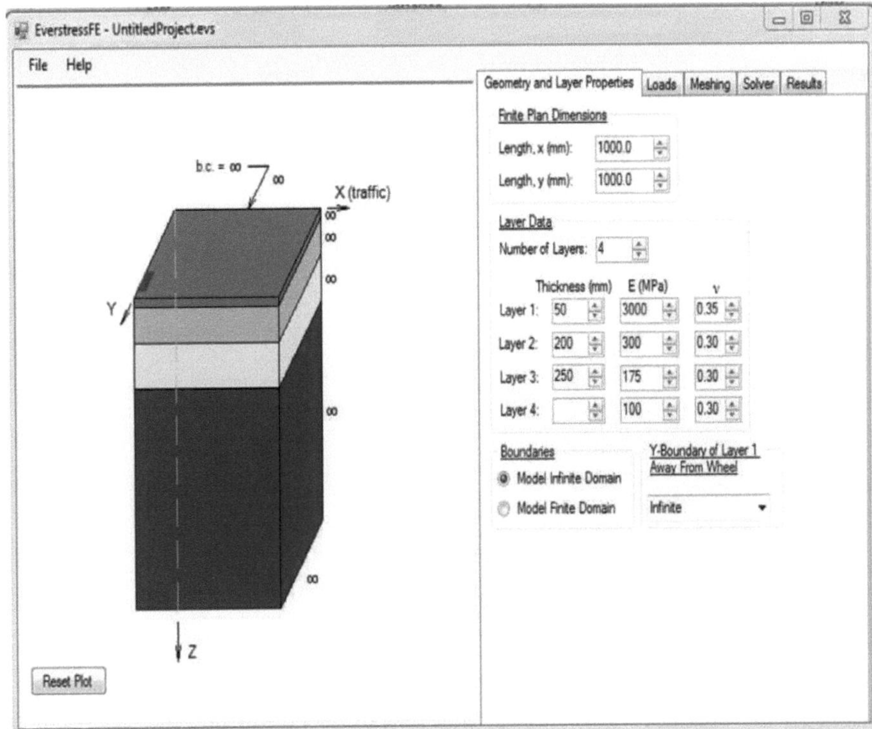

Figura 8 Característica da geometria e propriedades das camadas

Os dados de entrada da ESAL são introduzidos nas caixas de diálogo da barra de menu suspenso da barra de submenus de entrada. Os parâmetros que são introduzidos são os dados de tráfego, o módulo de resistência das camadas do pavimento e o módulo de resistência do leito da estrada.

Estes dados são importantes para determinar a deflexão do sulco e a fissuração por fadiga em função do ESAL cumulativo de 80KN e do desvio normal padrão. O projetista introduz as variáveis necessárias e selecciona os parâmetros que são apresentados numa lista pendente, como parâmetros de carga, tipo de roda e tipo de eixo. A determinação da carga por eixo padrão equivalente é a mais importante para equilibrar a capacidade de suporte da estrada. A carga vertical proveniente dos veículos deve ser equilibrada com a resistência da estrada, caso contrário esta começa a deformar-se e a fissurar.

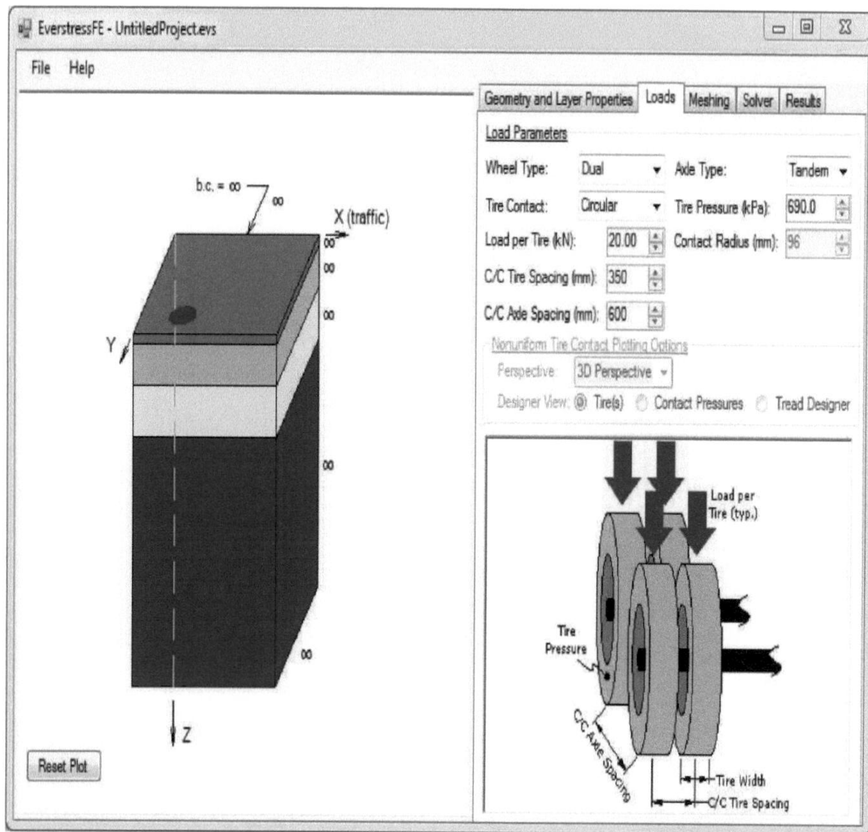

Figura 9 Parâmetros de carga, tipo de roda e tipo de eixo

3.12. Resultado do elemento finito Everstress

Clique em resultado > iniciar para visualizar os dados de saída e obter a tensão, o corte e a deflexão analisados para as camadas de superfície, base, sub-base e subleito. O resultado da deformação ao longo do eixo x, do eixo y e do eixo z (Txx, Eyy e fzz) é apresentado na figura abaixo. Mostra a deformação horizontal na base da camada de asfalto, que é a fonte da fissuração por fadiga, e a deformação vertical no topo da sub-base, que é a fonte da deflexão permanente do sulco.

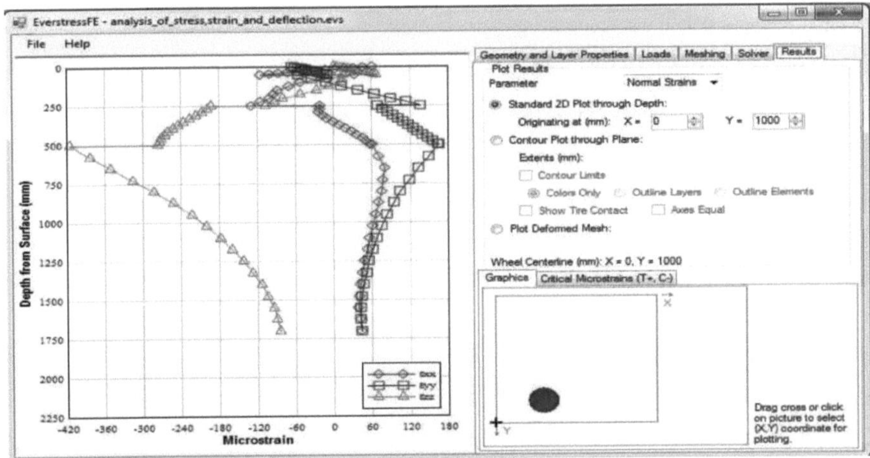

Figura 10 Valores de deformação normal (Exx, Eyy e Ezz), deformação de corte e deflexão

Clicar em > traçado de contorno através do plano que mostra diferentes resultados de traçado, parâmetros, plano xyz com imagens e gráficos a cores. Z mínimo = -244,0934 em X = 300 e Y = 0, Z máximo = 269,0878 em X = 300 e Y = 251, média = 3,841375 e desvio padrão = 82,3691.

A figura seguinte mostra a deflexão do pavimento flexível sob o centro de carga da roda quando a carga é aplicada sobre ele.

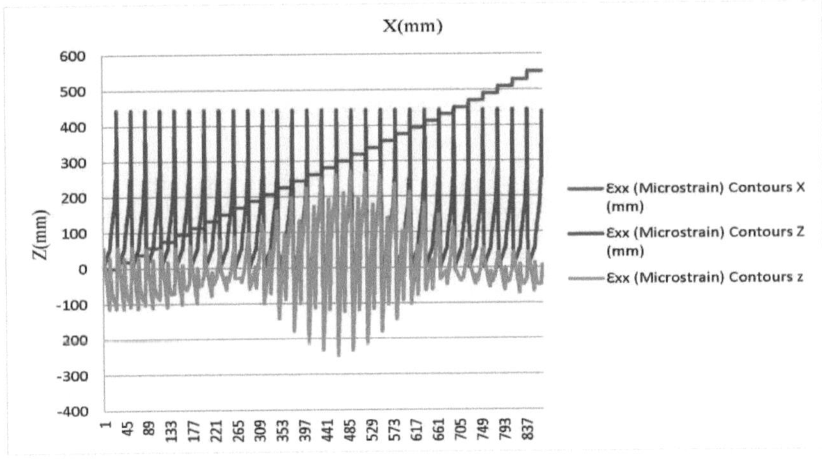

Figura 11 O gráfico mostra as propriedades da deformação no plano X-Z.

O gráfico de contorno através do plano que mostra os diferentes resultados do gráfico, máximo, mínimo, médio e os seus gráficos são apresentados da seguinte forma em diferentes diagramas,

A análise está a ser efectuada utilizando o pacote informático de elementos finitos Visual FEA. Os resultados indicam que os deslocamentos sob carga estão mais próximos dos métodos mecanicistas.

Este estudo de tese está a ser realizado para incorporar as propriedades materiais das camadas do pavimento e a carga do tráfego em movimento, na análise do pavimento flexível, utilizando o método dos elementos finitos. A tabela seguinte mostra as propriedades das camadas do pavimento e a gama geral do módulo de elasticidade, o rácio de veneno e os seus valores típicos de diferentes materiais.

Comparação dos resultados dos ensaios laboratoriais e da especificação normalizada do procedimento CBR do módulo de elasticidade, razão de veneno de diferentes materiais no caso da estrada Bako-Nekemte, utilizando o EverstressFE para verificar a tensão, a deformação e a deflexão dos parâmetros de cada camada.

A deformação horizontal máxima na camada 1 é de 28,8 micro deformações e a deformação vertical média na camada 1 é de 34,3 micro deformações. A deformação vertical média na camada 2 é de -18,3 micro deformações, enquanto a deformação vertical média na camada 3 é de -230,8 micro deformações. A deformação vertical à profundidade de 0 mm na camada 4 é de -442,2 microstrain e a 150 mm na camada 4 é de -370,8 microstrain

A deformação horizontal máxima na camada 1 é de 50,2 micro deformações e a deformação vertical média na camada 1 é de 34,1 micro deformações. A deformação vertical média na camada 2 é de -22 micro deformações, enquanto a deformação vertical média na camada 3 é de -245,3 micro deformações. A deformação vertical à profundidade de 0 mm na camada 4 é de -494,2 microstrain e a 150 mm na camada 4 é de -414,5 microstrain

Conclusão

A partir deste trabalho, pode concluir-se que a causa da tensão, da deformação e da deflexão do pavimento flexível foi a carga proveniente dos veículos, a carga por eixo, as pressões das rodas (carga) e o módulo de elasticidade de cada camada da estrada, a espessura das camadas da estrada e a razão de envenenamento.

A tensão, a deformação e a deflexão do pavimento de asfalto flexível podem ser reduzidas através da utilização de vários parâmetros de projeto para cada espessura de camada: aumentando o módulo do asfalto misturado a quente e a espessura da camada, aumentando o módulo da camada de base e a espessura da camada, aumentando o módulo da camada de sub-base e a espessura da camada e aumentando o módulo da camada de subleito e a espessura da camada.

Por conseguinte, no módulo de elasticidade máximo em cada camada, a deformação horizontal máxima na camada 1 é de 0 microstrain e a deformação vertical média na camada 1 é de 24,6 microstrain. A deformação vertical média na camada 2 é de -11 microstrain enquanto a deformação vertical média na camada 3 é de - 171,8 microstrain. A deformação vertical à profundidade de 0mm na camada 4 é de -253,3 microstrains e a 150mm na camada 4 é de -214,7 microstrain.

Como observado na análise acima, a partir do resultado do ensaio laboratorial e do resultado da especificação padrão, a deflexão vertical reduz-se à medida que o módulo aumenta em todos os valores de E. A deformação horizontal máxima na camada 1 é de 28,8 microdeformações e a deformação vertical média na camada 1 é de 34,3 microdeformações. A deformação vertical média na camada 2 é de -18,3 micro deformações, enquanto a deformação vertical média na camada 3 é de -230,8 micro deformações. A deformação vertical à profundidade de 0mm na camada 4 é de -442,2 microstrain e a 150mm na camada 4 é de -370,8 microstrain.

A deformação horizontal máxima na camada 1 é de 50,2 micro deformações e a deformação vertical média na camada 1 é de 34,1 micro deformações. A deformação vertical média na camada 2 é de -22 micro deformações, enquanto a deformação vertical média na camada 3 é de -245,3 micro deformações. A deformação vertical à profundidade de 0 mm na camada 4 é de -494,2 microstrain e a 150 mm na camada 4 é de -414,5 microstrain.

Recomendação

Este estudo foi efectuado num curto espaço de tempo e com um orçamento e mão de obra limitados, pelo que ainda há várias melhorias que podem ser feitas. Para se ter um software completo de dimensionamento da espessura e do módulo de elasticidade de pavimentos flexíveis, é necessário um estudo alargado e um período de tempo mais longo.

O software é muito importante para a conceção e análise de novas auto-estradas e de auto-estradas existentes sem criar erros, pelo que todas as instituições na Etiópia, como a Ethiopia Road Authority e a Regional State Road Authority, têm de utilizar software em vez de manuais em papel.

Por conseguinte, as instituições governamentais ou privadas de conceção, construção e consultoria devem utilizar software no futuro, no caso das estradas.

O EverstressFE permite analisar e verificar o equilíbrio entre a tensão, a deformação e a deflexão do pavimento flexível.

As autoridades rodoviárias da Etiópia têm de consultar todas as instituições de construção para desenvolver software para estradas e utilizar software para a conceção e análise de estradas.

A aplicação do elemento finito Everstress só pode ser utilizada quando existe um computador, ao contrário do que acontece com o projeto manual. Assim, o projetista deve munir-se de todos os materiais necessários em papel se as condições não lhe permitirem utilizar o elemento finito Everstress.

O EverstressFE executa apenas os manuais de projeto AASHTO e ERA, pelo que limita a gama de comparação para um melhor projeto ou investigação. Podem ser efectuados estudos adicionais para incorporar outros métodos de conceção

REFERÊNCIA

De Beer M; Fisher C & Jooste F. (1997). Determinação das tensões de contacto da interface do pavimento de pneus pneumáticos sob cargas móveis e alguns efeitos em pavimentos com camadas finas de revestimento asfáltico. *Actas da 8ª Conferência Internacional sobre Pavimentos Asfálticos (Volume I), Seattle, Washington*, pp. 179-227.

Emmanuel O., E. a. (2009). Análise das tensões de fadiga e deformação de pavimentos flexíveis concebidos com métodos CBR. *Jornal Africano de Ciência e Tecnologia Ambiental*, Vol. 3 (1 2), pp. 41 2-421.

Garba, R. (2002). Uma tese sobre as propriedades de deformação permanente de misturas de betão asfáltico. *Departamento de Engenharia Rodoviária e Ferroviária, Universidade Norueguesa de Ciência e Tecnologia.*

Gupta. (2014). ANÁLISE ESTRUTURAL COMPARATIVA DE PAVIMENTOS FLEXÍVEIS UTILIZANDO O MÉTODO DOS ELEMENTOS FINITOS. *Revista Internacional de Engenharia de Pavimentos e Tecnologia de Asfalto,* Volume: 15, pp.11-19.

Lanham. (1996). Fundação de Investigação e Educação da Associação Nacional de Pavimentos Asfálticos. *Maryland.*

Machemehl R, Wang F & Prozzi J. (2005). Analytical study of effects of truck tire pressure on pavements with measured tire-pavement contact stress data. *Registo de Investigação sobre Transportes: J. Transp.Res. Board,* , 1919: 111-119.

Markshek, K., Chen, H., & Hudso, R. C. (1986). Experimental Determination of Pressure Distribution of Truck Tire Pavement Contact, in Transportation Research Record 1070 . *pp.197-206.*

Ralph H.; Susan T.; Guy D.& David H. (2007). Projeto mecanístico-empírico de pavimentos. *Evolução e desafios futuros. Canadá: Saskatoon,.*

Taneerananon, Somchainuek, Thongchim, & Yandell. (2014). ANÁLISE DE TENSÃO, DEFORMAÇÃO E DEFLEXÃO DE PAVIMENTOS USANDO ELEMENTO FINITO. *Jornal da Sociedade de Estudos de Transporte e Tráfego*, Vol. 1 No. 4.

Yang, H. (1973). Projeto de Pavimentos Asfálticos - O Método das Conchas, Actas. *4ᵘ Conferência Internacional sobre o Projeto Estrutural de Pavimentos Asfálticos.*

Zaghloul S e White, T. (1993). Utilização de um programa de elementos finitos tridimensional e dinâmico para a análise de pavimentos flexíveis. *Em Transportation Research Record 1388, TRB, Washington D.C.,* pp. 6069.

I want morebooks!

Buy your books fast and straightforward online - at one of world's fastest growing online book stores! Environmentally sound due to Print-on-Demand technologies.

Buy your books online at
www.morebooks.shop

Compre os seus livros mais rápido e diretamente na internet, em uma das livrarias on-line com o maior crescimento no mundo! Produção que protege o meio ambiente através das tecnologias de impressão sob demanda.

Compre os seus livros on-line em
www.morebooks.shop

Printed by Books on Demand GmbH, Norderstedt / Germany